JN104667

ウイルス・感染症と
「新型コロナ」後のわたしたちの生活❸

# この症状は新型コロナ？

監修／山本太郎 長崎大学熱帯医学研究所国際保健学分野教授

著／稲葉茂勝 子どもジャーナリスト Journalist for Children

# はじめに

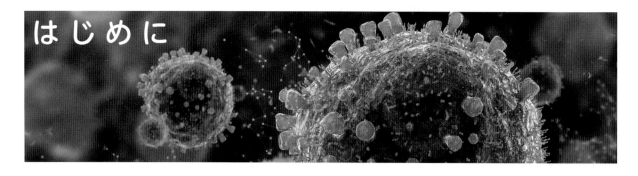

　世界保健機関（WHO）は、新型コロナウイルス感染症の感染拡大がおさまる気配がまったくなかった2020年8月22日（この日の全世界の感染者数2300万人以上、死者約80万人）、このパンデミック（世界的大流行）は、1918年から約2年間流行が続いた「スペインかぜ」（全世界の感染者数5〜6億人、死者5000万人）と比較して、「より短い2年未満で収束が可能だ」との見通しを示しました。

　その理由としては、ワクチンなど「進んだ技術」が存在していることなどがあげられました。この発表を聞いて、少しは安心した人が世界中にいたことでしょう。

　ところが、それに先立つ6月29日には、新型豚インフルエンザ（→P28）が中国で確認され、この冬にはパンデミックのおそれもあるという論文が、アメリカの専門誌に発表されました。しかも、その新型豚インフルエンザは、2009年にパンデミックとなった新型インフルエンザウイルスに由来するものだというのです。

　もし、2020年に再び新型インフルエンザが流行すれば、世界は、まだ続いている新型コロナウイルス感染症とダブルパンチを受けることなります。たとえ進んだ技術を手に入れていたとしても（2009年新型インフルエンザのワクチンは2013年に完成）、どうなってしまうかと心配する人も出てきました。

　こうしたなか、このシリーズの制作は、③『この症状は新型コロナ？』の佳境にさしかかっていました。

　2020年の新型コロナウイルス感染症は非常に強敵ですが、新型インフルエンザも負けずおとらずおそろしい感染症です。なぜなら、スペインかぜも新型インフルエンザだったことがわかっているからです。新型コロナと新型インフルエンザが同時に人類におそいかかってきたら、いったいどうなるでしょう？

　わたしたちは、このシリーズを、人類の感染症とのたたかいのなかで「わたしたちにできることは何か？」を考える本として企画しました。「わたしたちにできること」、それは一言でいうと、「正しい知識をもつこと」。感染症についてしっかり学ぶことです。そのためにこの本では、新型コロナウイルス感染症と新型インフルエンザ、また、ただのインフルエンザとただのコロナウイルス感染症について、しっかり理解してもらえるようにまとめました。

　みなさんには、この本で感染症についての正しい知識を身につけてもらい、正しくこわがり、いっしょに感染症とたたかってもらいたい！　と願ってやみません。

　なお、シリーズの構成は、次のとおりです。

『ウイルス・感染症と「新型コロナ」後のわたしたちの生活』
第1期　①人類の歴史から考える！
　　　　②人類の知恵と勇気を見よう！
　　　　③この症状は新型コロナ？
第2期　④「疫病」と日本人
　　　　⑤感染症に国境なし
　　　　⑥感染症との共存とは？

子どもジャーナリスト
Journalist for Children　稲葉茂勝

# もくじ

**❶ かぜとインフルエンザのちがい** … 4
- ・かぜの症状 ・かぜの原因 ・かぜの検査・診断 ・かぜの治療 ・かぜの予防
- ・インフルエンザの症状 ・季節性インフルエンザ ・インフルエンザのサーベイランス
- ・インフルエンザの検査・診断 ・インフルエンザの治療 ・インフルエンンザの予防
- ・インフルエンザワクチンの接種を毎年するわけ

**❷ インフルエンザウイルスの型** … 12
- ・「型」ごとの特徴 ・「A香港型」「Aソ連型」 ・ワクチンのつくり方

**● 「スペインインフルエンザ」=「スペインかぜ」** … 13

**❸ 動物のインフルエンザ** … 14
- ・種類ごとのインフルエンザ

**● 細菌とウイルスのちがい** … 16

**❹ 新型インフルエンザとは?** … 18
- ・動物からヒトへ ・新型インフルエンザの発生

**❺ 空飛ぶウイルスのおそろしさ** … 20
- ・カモからニワトリへ ・ニワトリからヒトへ ・新型インフルエンザに変異したら

**❻ 新型インフルエンザの2つのパターン** … 22
- ・ウイルスの交雑とは

**● WHOの警戒水準** … 23

**❼ ヒトに感染するコロナウイルス** … 24
- ・かぜのコロナウイルス ・動物コロナウイルス ・おそろしいコロナウイルス

**❽ 新型コロナウイルスパンデミック** … 26
- ・コウモリからヒトへ

**❾ 「2020年～2021年に何がおこるか?」という論文** … 28
- ・2009年の再来か? ・パニックにならないために

**● 著者からのメッセージ 家族みんなでやるべきこと** … 30

**さくいん** … 31

# かぜとインフルエンザのちがい

かぜの症状とインフルエンザの症状はよく似ています。毎年冬、かぜだと思っていたら、インフルエンザだったということがよくあります。

この本は、知らない人などいないといえる「かぜ」の説明からはじめます。読んでみると、きっとびっくりしますよ。

## かぜの症状

「かぜ」は、正式には「かぜ症候群」とよばれます。急に上気道に炎症が出てくる感染症をまとめたよび名です。「上気道」とは、鼻腔から咽頭、喉頭までの気道をさします（右図）。

ただし、悪化すると、炎症が上気道から下気道（気管、気管支、細気管支）に、さらに、その先の肺にまで広がる場合もあります。くしゃみや鼻水、鼻づまりなどの鼻の症状や、のどの痛みやせき、たん、などの咽頭症状も見られます。

また、発熱や頭痛、全身のだるさを生じることもあります。

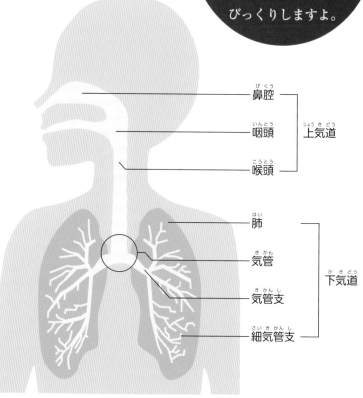

鼻腔
咽頭
喉頭
上気道

肺
気管
気管支
細気管支
下気道

## もっとくわしく

## 「かぜを引く」の「引く」とは？

病気になることはふつう、「かかる」「わずらう」「うつる」などという言葉がつかわれる。ところが、かぜは「引く」という。この「引く」とは「吸いこむ」という意味。「お茶がかぜを引く」という慣用句があるが、これはお茶の味が落ちるという意味だ。

中国語では「かぜを引く」は「得感冒」と書き、「得る」という漢字をつかう。また、英語では「catch a cold」で「かぜを引く」、「have a cold」で「かぜを引いている」という意味になる。

また、日本語には「かぜをこじらす」という言葉がある。これは、かぜの症状が「悪化する」ことだ。

くしゃみや鼻水は典型的なかぜの症状。

## かぜの原因

　かぜは、空気中にただよっているウイルスなどの病原体が気道内に入りこんで気道の粘膜にくっつき、どんどん増えていく（増殖する）ことで発症します。ただし、かぜを引きおこす病原体が体に入っても、実際に発症するかどうかは、人の免疫力やまわりの環境などによって左右されるので、発症しないこともあります。

　かぜの原因となる病原体は、80〜90％がウイルスです。ウイルス以外では、ふつうに見られる細菌のほか、マイコプラズマなどの特殊な細菌が原因となる場合もあります。

※細菌とウイルスのちがいについてはp16を参照。

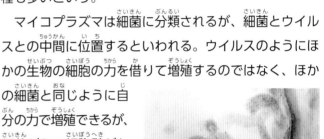

## もっとくわしく
## マイコプラズマ

　マイコプラズマは、かぜや気管支炎、肺炎（マイコプラズマ肺炎）などを引きおこす病原体。広く自然界に存在し、これまでに100種以上が発見されたが、未発見の種も多いという。

　マイコプラズマは細菌に分類されるが、細菌とウイルスとの中間に位置するといわれる。ウイルスのようにほかの生物の細胞の力を借りて増殖するのではなく、ほかの細菌と同じように自分の力で増殖できるが、細菌がもつ細胞壁がない。この構造のちがいにより、治療にはペニシリンなどの抗生物質は効果がなく、特別な薬がつかわれる。

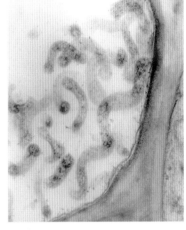

マイコプラズマの顕微鏡写真。

## もっとくわしく
## かぜのウイルス

　かぜを引きおこすおもなウイルスには、「コロナウイルス」（→p24）「ライノウイルス」が多く、続いて「RSウイルス」「パラインフルエンザウイルス」「アデノウイルス」などがある。

❶コロナウイルス　❷ライノウイルス
❸RSウイルス　❹パラインフルエンザ
ウイルス　❺アデノウイルス

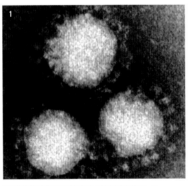

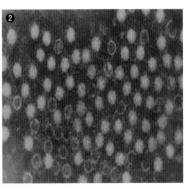

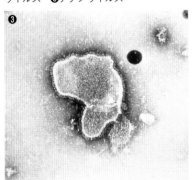

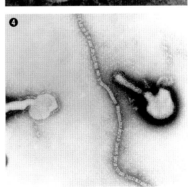

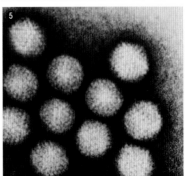

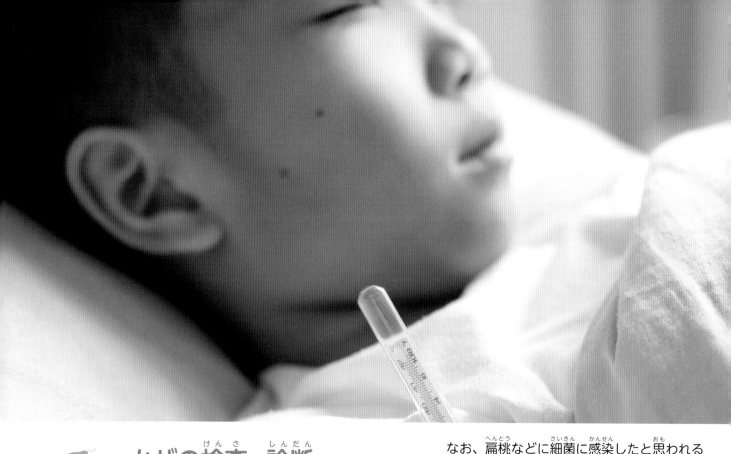

## かぜの検査・診断

　かぜかなと思って医者にみてもらうと、医者はまず問診をしたり、のどのはれをみたり、聴診器で呼吸の音をきいたりして診断します。季節性インフルエンザが流行しているときには、インフルエンザの検査をおこないます。

　ただし、この段階では原因となる病原体の特定はむずかしいため、ほかの病気かどうかを見きわめるために血液検査をおこなうこともあります。

　じつは、かぜかインフルエンザかは、見きわめが非常にむずかしいのです。

## かぜの治療

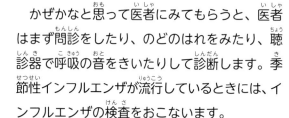

　かぜの治療は、多くの場合、安静に過ごして、十分な水分と栄養をとることで自然に治ることをめざしますが、鼻水を減らす薬や解熱剤、のどの痛みをやわらげる薬をつかう場合もあります。これは「対症療法」といわれ、病気の原因を取りのぞくのではなく、病気によって起きている症状をやわらげたり、なくしたりする治療法のことです。

　なお、扁桃などに細菌に感染したと思われる症状がある場合や、マイコプラズマが原因だと思われる場合には、患者の症状にあわせた抗菌薬をつかうこともあります。

咽頭扁桃
耳管扁桃
口蓋扁桃
舌扁桃

## かぜの予防

　かぜの予防は、病原体を体内に入れないことです。そのためには、次のことが重要であると一般的にいわれています。

・外出時にはマスクを着用する。

・外から帰ってきたら、かならずせっけんをつかってよく手を洗い、清潔なタオルや紙でよくふいてかわかす。

・よくうがいをする。

　もちろん、栄養のあるものを食べて、睡眠をよくとり、免疫力を高めるといったことも、かぜ予防に重要です。また、かぜがはやっているときには、人混みにいかないといった注意もたいせつです。

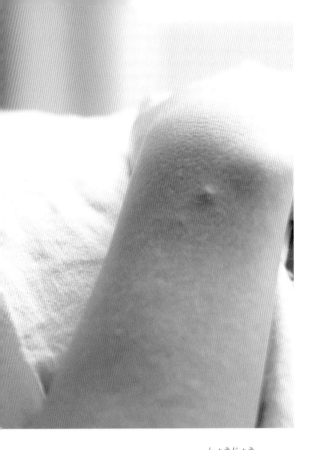

## 季節性インフルエンザ

　インフルエンザは、ときには死にいたることもあるこわい病気です。日本では、下のグラフのように、11月ごろから感染者が出はじめ、冬に急増します。そのため、このインフルエンザを「季節性インフルエンザ」とよんでいます。例年、季節性インフルエンザの感染者は約1000万人といわれています。また、直接的・間接的にインフルエンザの流行によって生じた死亡者は、約1万人と推計されています。

　これとは別に、多くの死者を出す「新型インフルエンザ」があります（→p18）。日本ではかつて「スペインかぜ」や「香港かぜ」とよばれる感染症が猛威をふるい、多くの人が命を落としましたが、これらは「かぜ」とよばれていますが、新型インフルエンザ（→p13）だったのです。

## インフルエンザの症状

　インフルエンザは、「インフルエンザウイルス」が引きおこす病気です。「流行性感冒」とか「はやりかぜ」とよばれることもあります。

　インフルエンザウイルスが体内に入ると1〜3日の潜伏期間（症状が出ない期間）を経て、突然、高熱が出るのが、ふつうのかぜとのちがいです。また、典型的なインフルエンザの症状は、高熱とともに、全身のだるさや筋肉・関節の痛みなど、全身症状が強くなります。全身症状があることが、かぜとのちがいのひとつの目安だといわれています。高齢者は肺炎を、小さい子どもの場合はひきつけや脱水症状、急性脳症などを引きおこすこともあります。

### ●季節性インフルエンザの感染のピーク
（2019/2020シーズンは第17週まで）

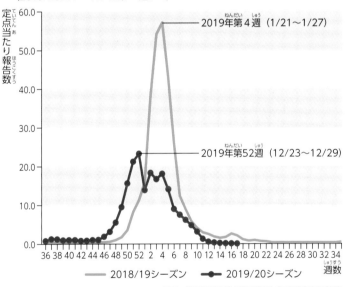

資料：「定点受診者数の週別推移」（国立感染症研究所）

## もっとくわしく
## 「インフルエンザ」はイタリア語から

　ヨーロッパではかつて「星の動きの影響」で病気が流行すると考えられていた。そのため、16世紀にイタリアでインフルエンザが大流行したとき、イタリア語で「影響」という意味の「influenza」と名づけられ、イギリスで英語の「インフルエンザ」となったとされている。

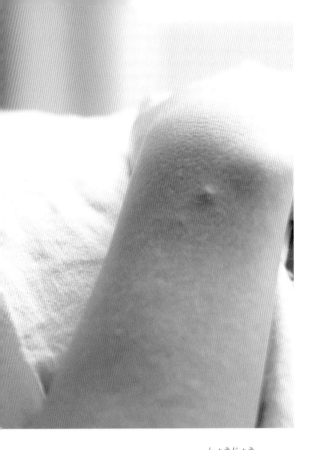

# インフルエンザの サーベイランス

　インフルエンザは、一般のかぜとはちがい、重症になりやすい感染症です。日本では、「感染症法（→p18）」という法律にもとづいて、他の感染症とともに流行の動向調査がおこなわれています。その中心が「サーベイランス」というシス

## ●インフルエンザ流行レベルマップの例

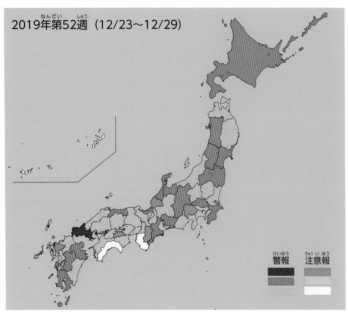

2019年第52週（12/23〜12/29）

警報　注意報

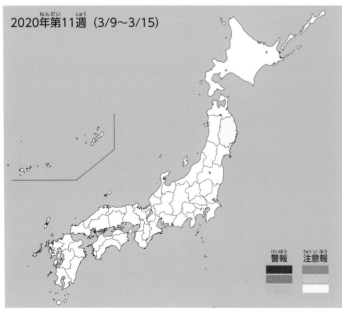

2020年第11週（3/9〜3/15）

警報　注意報

警報　警戒度
↑高
↓低

注意報　注意度
↑高
↓低

大きな流行の発生・継続が疑われる。

大きな流行の可能性、または流行が終息していない可能性がある。

テムです。サーベイランスをおこなう医療機関を「定点」とよび、全国には、小児科、内科、眼科などの定点がたくさんあります。インフルエンザに関しては、定点として小児科約3000か所、内科約2000か所が指定されています。

　インフルエンザ定点の医療機関は、インフルエンザと診断した患者数などを、週ごとに地方自治体に報告します。そして、それが都道府県、厚生労働省、国立衛生研究所などへ報告されるようになっています。また、インフルエンザ定点の1割の医療機関は、患者ののどや鼻から採取した検体を、各地の衛生研究所に送ります。そして、インフルエンザウイルスの型（→p12）や遺伝子などの検査がおこなわれます。

　こうしたデータから「インフルエンザ流行レベルマップ」などがまとめられ、公表されるのです。7ページの「インフルエンザ感染のピーク」のグラフもその1つです。

　こうしたシステムがあるおかげで、今年はどの型のインフルエンザが流行しているか、感染がどこで広がっているか、感染者が何人出たかなどを、わたしたちは知ることができるのです。

# インフルエンザの 検査・診断

　インフルエンザの主な診断方法には、次のものがあります。

・ウイルスを分離して検出する方法
・インフルエンザに対する抗体[1]を血液から検出する方法
・ウイルスのDNA[2]を増やして検出する方法
・インフルエンザ抗原[3]を検出する迅速診断法

[1] 抗体：細菌やウイルスなど外部からの侵入者（抗原）が体内に入ってきたとき、これに抵抗して体を守るために、体の中でつくられる物質のこと。
[2] DNA：生物が生きていくために必要なあらゆる情報がつまった生命の設計図のこと。
[3] 抗原：細菌やウイルスなど、外部から体内に入ってくる侵入者のこと。

これらのうち一般的におこなわれているのは迅速診断法で、これは、鼻の奥を細い綿棒でぬぐい、約10分から15分で診断ができる検査です。

ただし、この検査で、陽性が認められるには、体内のウイルス量が十分に増えていることが必要です。発熱直後はウイルス量が十分に増えていないので、インフルエンザに感染していても、陰性になることがあります。このため、抗原検査はふつう発熱から24時間経過後におこなうことになっています。

なお、近年はウイルス量が少量でも検出できる検査キットが開発され、発熱から24時間たっていなくても、インフルエンザ抗原を検出することも可能になってきました。

## インフルエンザの治療

インフルエンザも一般のかぜと同じで、免疫力でなおることもありますが、薬をつかうのがふつうです。近年では、インフルエンザ治療薬が進歩し、発症後48時間以内に使用すれば、インフルエンザウイルスの増殖をおさえられるようになってきました。

そのため、検査で陽性となった場合、必要に応じて抗インフルエンザウイルス薬を飲み、発熱期間を短縮させたり、症状がひどくなるのを防ぐのがふつうになってきました。しかし、薬を使用したからといって、脳症など、重篤な合併症を予防することはできないといわれています。

## もっとくわしく

## 抗インフルエンザウイルス薬

インフルエンザの治療には、次の5種類の抗インフルエンザウイルス薬が現在一般的につかわれている。

●内服薬

・オセルタミビル（商品名　タミフル）＊
　［ドライシロップ・カプセル　1日2回5日間］

・バロキサビル（商品名　ゾフルーザ）
　［錠剤　1日1回1日間］

●吸入薬

・ラミナミビリ（商品名　イナビル）
　［1回吸入のみ］

・ザナミビル（商品名　リレンザ）
　［1日2回5日間］

●点滴注射薬

・ペラミビル（商品名　ラピアクタ）
　［1回点滴のみ］

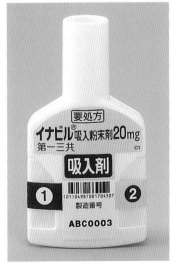

イナビル

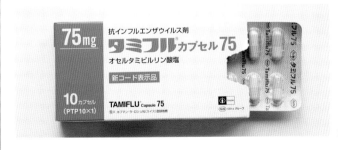

タミフル

＊以前は、服用した場合に異常行動が見られることがあったので、10歳以上の未成年者には原則使用不可だったが、その後、異常行動とタミフル内服の因果関係が認められなかったため、現在は10代の未成年者にも使用可能となっている。

注射によるインフルエンザワクチンの接種。

# インフルエンザの予防

インフルエンザの予防には、インフルエンザワクチンを接種することが有効です。社会全体で接種することで、インフルエンザにかかる人を減らすことができます。そうすることで、インフルエンザウイルスに感染して重症化する患者も減っていきます。

ただし、インフルエンザワクチンは、どのインフルエンンザにも効くわけではありません。ワクチンを接種しても、ちがう型 (→p12) のインフルエンザには効かないのです。

## もっとくわしく
## 学校感染症とは

「学校感染症」とは、「学校保健安全法」という法律によって定められた、学校において予防すべき感染症のこと。インフルエンザもその1つだ。ただし、新型インフルエンザは、「新型インフルエンザ等感染症」という別のあつかいになっている。

学校感染症の感染者は学校に登校することが禁じられ、熱が下がっても、インフルエンザではその後2日間は登校してはいけないと定められている。

なお、学校感染症には、インフルエンザのほか、ペスト、SARS、コレラ、はしか、百日ぜき、おたふくかぜ、風疹、結核、腸チフス、パラチフスなどがあり、それぞれについて、感染者の出席停止の期間などが法律で定められている。

また、児童・生徒が学校感染症にかかっている、またはかかるおそれがある場合に、学校設置者は法律にもとづき、学校の全部または一部を臨時休業にすることもある。

# インフルエンザワクチンの接種を毎年するわけ

感染症にかかると、体の中には、新たに外から侵入する病原体を攻撃するしくみ（免疫）ができます。このしくみを利用してつくられたのが「ワクチン」です。

本来なら、インフルエンザワクチンを一度接種すると、再びそのインフルエンザに感染することはないはずです。それなのに、インフルエンザワクチンを毎年接種するのは、なぜでしょう？　それは、インフルエンザウイルスのなかでもA型（→p12）は変異しやすいからです。そのため、去年ワクチン接種で得た免疫では、今年は役に立たないことが多いのです。

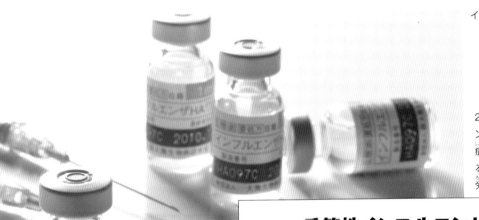

インフルエンザHAワクチン

2020年は、季節性インフルエンザと新型コロナウイルス感染症（covid-19）が同時流行することが心配されたため、厚生労働省が配布したお知らせ。

インフルエンザについての啓発ポスターが張られている医院の待合室。

令和2年9月

## 季節性インフルエンザワクチン 接種時期ご協力のお願い

今年は過去5年で最大量（最大約6300万人分）のワクチンを供給予定ですが、より必要とされている方に確実に届くように、ご協力をお願いします。

| | |
|---|---|
| **10月 1日〜** | **接種希望の方はお早めに**<br>**65歳以上の方（定期接種対象者）** ※<br>※65歳以上の方のほか、60歳から65歳未満の慢性高度心・腎・呼吸器機能不全者等<br>※定期接種の開始日は、お住まいの市町村で異なりますのでご確認下さい。<br><br>**上記以外の方は**<br>**10月26日まで接種をお待ちください**<br>65歳以上の方の接種ができるよう<br>ご協力をお願いいたします |
| **10月26日〜** | **接種希望の方はお早めに**<br>医療従事者<br>基礎疾患を有する方<br>妊婦<br>生後6ヶ月〜小学校2年生<br><br>**上記以外の方も接種できます** |

### 皆様へのお願い

・感染防止の3つの基本である ①身体的距離の確保、②マスクの着用、③手洗い の徹底もお願いします。

・接種に当たっては、あらかじめ医療機関にお電話での予約をお願いします。

・インフルエンザワクチンは重症化予防などの効果がある一方で、発病を必ず防ぐわけではなく、接種時の体調などによって副反応が生じる場合があります。医師と相談の上、接種いただくとともに、接種後に体調に異変が生じた場合は医療機関にご相談いただくようお願いします。

・お示しした日程はあくまで目安であり、前後があっても接種を妨げるものではありません。

厚生労働省
Ministry of Health, Labour and Welfare

## インフルエンザはかぜとは違います

●突然の高熱、強い倦怠感など全身症状
●ときには合併症で重症になることも

次のようなときは合併症の危険があります。速やかに受診を！
けいれん
異常な行動・言動　意識がはっきりしない

**異常行動に対する注意**
インフルエンザにかかったときには、薬の使用の有無にかかわらず、異常行動をおこすおそれがあると考えられています。万が一の事故を防止するために、インフルエンザにかかってから少なくとも2日間は、特に小児・未成年者が一人にならないよう配慮しましょう。

### 予防の基本
○ワクチンの接種
○うがいや手洗い
○バランスのよい食事と十分な休養
○室内の湿度は50〜60%に
○人混みや繁華街を避け、外出時にはマスクを着用

### インフルエンザにかかったら
○早めに受診
○マスクを着用
○水分を十分に補給
○十分な休養
学校や職場は休みましょう
くすりは医師や薬剤師の指示に従い正しく使用

### 咳エチケット
○咳をしている人はマスクをきちんと着用
○咳・くしゃみの際にはティッシュなどで口と鼻を押さえまわりの人から顔をそむけ、離れて
○使用後のティッシュはすぐにフタ付きのゴミ箱に

知っていますか インフルエンザのこと

お問い合わせ先　インフルエンザ等感染症に関する相談窓口〈委託先：NPO法人バイオメディカルサイエンス〉
厚生労働省　開設日〉月曜日〜金曜日（祝祭日除く）9:30〜17:00　電話番号：03-3200-6784　FAX番号：03-3200-5209　E-mail: influ@bpo-bmsa.org

厚生労働省医薬食品局安全対策課・健康局結核感染症課
日本医師会感染症危機管理対策室・日本薬剤師会・日本小児科学会・日本感染症学会・日本製薬団体連合会

# 2 インフルエンザウイルスの型

インフルエンザにはウイルスの「型」があります。
型は大きくA型、B型、C型の3つの
タイプに分けられます。

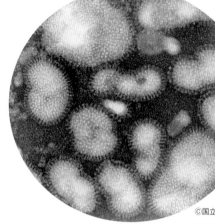

©国立感染症研究所

インフルエンザウイルス（H3N2）の顕微鏡写真。

## 「型」ごとの特徴

インフルエンザウイルスは、型によって、ちがった特徴を示します。

A型：高熱、頭痛、関節痛などの症状を引きおこす。変異しやすい。A型は、全部で144の種類がある（→p17）。これらは、似てはいるけれど少しずつちがう別の型に変異して、毎年流行する。新型インフルエンザ（→p18）として世界で大流行を起こしたのはA型だ。

B型：A型と同じような症状を引きおこす。種類は多くなく、変異もA型にくらべて少ない。

C型：A型と同じような症状を引きおこす。A型やB型とくらべると感染力は弱く、軽い症状ですむことが多い。

## ワクチンのつくり方

インフルエンザウイルスは少しずつ変異していくため、その年に流行が予想されるウイルスにあったワクチンをつくらなければなりません。そのために、2月ごろにWHO（世界保健機関）が前シーズンの流行状況などから今シーズンに流行しそうなウイルスの型を発表します。それを参考に、インフルエンザウイルスの4つの系統（A/H1N1、A/H3N2、B/山形系統、B/ビクトリア系統）からウイルスを選びだし、別べつのニワトリの卵に接種して、ウイルスを増殖させます。次に、増殖したウイルスからヘマグルチニン（→p17）という成分を取りだし、それを精製してワクチンをつくります。これが「インフルエンザHAワクチン」です。

## 「A香港型」「Aソ連型」

「A香港型」とは、1968年に香港ではじまり大流行した新型インフルエンザ「香港かぜ」のウイルスを起源とするインフルエンザの型のこと。「香港かぜ」は、世界中で約100万人も死者を出したといわれています。また、日本でも2000人ほどの死者を出しました。

一方「Aソ連型」は、1977年に流行した新型インフルエンザ「ソ連かぜ」のウイルスを起源とするインフルエンザの型です。ソ連*（現在のロシア）でウイルスがつきとめられたので、この名がつきました。「A香港型」も「Aソ連型」も、A型の144種類のうちのひとつです。

インフルエンザウイルス（H1N1）の顕微鏡写真。
©CDC

*ソ連：ソビエト社会主義共和国連邦の略称。1991年に崩壊し、ロシアに引きつがれた。

# 「スペインインフルエンザ」＝「スペインかぜ」

インフルエンザも、多くのかぜと同じように、病原体が体内に入ることによって起こる病気です。症状が似ているため、インフルエンザも「かぜ」とよばれることがありました。

スペインかぜが猛威をふるう1918年の冬。マスク姿の警察官（アメリカ・シアトル）。

## 流行性感冒・はやりかぜ

インフルエンザは「流行性感冒」や「はやりかぜ」とよばれることがあります。

1918年に流行した新型インフルエンザは、日本では「スペインかぜ」とよばれ、1968年の新型インフルエンザは「香港かぜ」とよばれています。これは、日本では「かぜ」という言葉はもともと症状を意味するもので、インフルエンザもかぜによく似た症状であることによります。

## 「インフルエンザ」は病名

「インフルエンザ」という言葉は、病気そのものをあらわす言葉としてつかわれてきました。しかも、近年では、インフルエンザが命にかかわるこわい病気であることを意識させるために、かぜと区別してつかわれるようになっています。このため、かつての「スペインかぜ」や「香港かぜ」「ソ連かぜ」は、「スペインインフルエンザ」「香港インフルエンザ」「ソ連インフルエンザ」とよびます※。

※WHOは2015年、人びとへの不必要な悪影響をさけるため、感染症の名前に特定の生物や地域名をつけない方針を示した。

# 3 動物のインフルエンザ

じつは、インフルエンザは鳥や豚、馬などの動物にも見られる感染症で、本来は、動物ごとに感染するウイルスが決まっていました。

鳥インフルエンザは主に鳥のあいだで起きるものだが、人間に感染することもある。

## 種類ごとのインフルエンザ

インフルエンザウイルスは、ヒトに感染する種、鳥に感染する種、豚に感染する種というように、それぞれの動物ごとに感染するウイルスの種類が決まっています。しかも、それぞれの

ウイルスは、ふつうは同じ種類の動物のあいだでしか感染しません。このため「鳥インフルエンザ」「豚インフルエンザ」「馬インフルエンザ」などとよばれてきました。ヒトが感染するインフルエンザは「ヒトインフルエンザ」ということになります。

## もっとくわしく
### 豚インフルエンザ

　豚はインフルエンザにかかると、熱が出て食欲が落ちたり、せきや鼻水などの症状が出る。だが、たいてい症状は軽く、数日で回復する。まったく症状が出ないこともある。感染は、ヒトインフルエンザと同じように、豚から豚の飛沫感染や接触感染（→p28）だ。

　なお、インフルエンザに感染した豚の肉を食べると、人間が感染するのではないかと心配する人がいるが、その心配はない。なぜなら、インフルエンザウイルスは熱に弱く、加熱調理によって死んでしまうからだ。生肉を食べない限り、豚肉を食べて感染することはない。

豚のインフルエンザの症状も人間と同じ。

## もっとくわしく
### 馬インフルエンザ

　2007年、北海道の札幌や函館の競馬場などでインフルエンザにかかった馬が発見された。馬がインフルエンザにかかると、人間と同じように40度以上の高熱、せきや鼻水などの症状が出る。馬インフルエンザは、感染のスピードが速く、あっというまに馬のあいだに感染が広がるため、多くの馬が集まる競馬が中止された。

2007年当時流行していた馬インフルエンザ拡大防止のため、競馬の中止を知らせるはり紙。

# 細菌とウイルスのちがい

細菌とウイルスは、体内に侵入して病気を引きおこす代表的な病原体です。
細菌とウイルスのちがいは、増殖の方法と大きさです。

## 増殖の方法のちがい

　細菌には細胞があるので、自分自身が分裂して増殖していきます。

　ところが、ウイルスには細胞がありません。そのため、ほかの生物の生きている細胞に入りこんで、その細胞の機能をうばって増殖していくのです。ウイルスに入りこまれた細胞は、多くの場合、死んでしまいます。

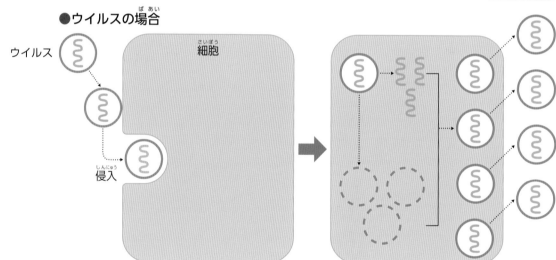

●細菌の場合

細菌

●ウイルスの場合

ウイルス　　細胞

侵入

## 大きさのちがい

　細菌もウイルスも人の目では見えないほど小さく、細菌は1mmの1000分の1（1μm＊）ぐらいで、顕微鏡でなら見ることができます。
　一方、ウイルスはそれよりもっともっと小さく、電子顕微鏡でないと見ることができません。インフルエンザウイルスは、1mmの10000分の1（100nm＊）ぐらいです。

＊1μm（マイクロメートル）＝1000分の1mm。
＊1nm（ナノメートル）＝1000分の1μm（マイクロメートル）。

●ウイルスはこんなに小さい！

ノロウイルス　30nm　0.03μm

インフルエンザウイルス
100nm　0.1μm

細菌　1μm

0.1μm

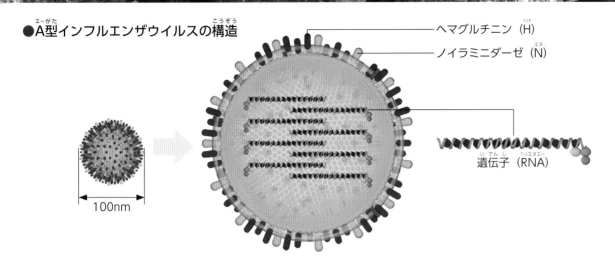

●A型インフルエンザウイルスの構造

ヘマグルチニン（H）
ノイラミニダーゼ（N）
遺伝子（RNA）
100nm

# インフルエンザウイルスの構造

A型とB型のインフルエンザウイルスは、生物の細胞に入りこむためのしくみをもっています。それが、ウイルスのまわりの突起です。

この突起には、ヘマグルチニン（H）とノイラミニダーゼ（N）とがあります。

A型とB型のインフルエンザウイルスは、まわりの突起のうち、ノリのはたらきをするヘマグルチニン（H）で細胞にはりつき、中に入りこんで、細胞内で自分のコピーをつくります。ウイルスがいっぱいになると、細胞は死んでしまいます。そうすると、ハサミのはたらきをするノイラミニダーゼ（N）をつかって、内側から細胞をやぶり、外に飛びだしてまた別の細胞にはりつくのです。

このようにして次つぎと細胞に侵入していきなが

ら、ウイルスは増殖していきます。

なお、細菌を退治する薬としてカビからつくった抗生物質がありますが、自分の細胞をもたないウイルスには効果がありません（インフルエンザの治療には「抗インフルエンザウイルス薬」をつかう）。

# HとNの組みあわせは144種類

A型インフルエンザウイルスの場合、Hは16種類あり（H1〜H16）、Nは9種類あります（N1〜N9）。このHとNの組みあわせにより、A型インフルエンザウイルスの種類は、全部で144種類となります（B型インフルエンザウイルスには、HとNがそれぞれ1種類しかない）。

A香港型（→p12）のウイルスはH3N2型で、Aソ連型のウイルスはH1N1型です。

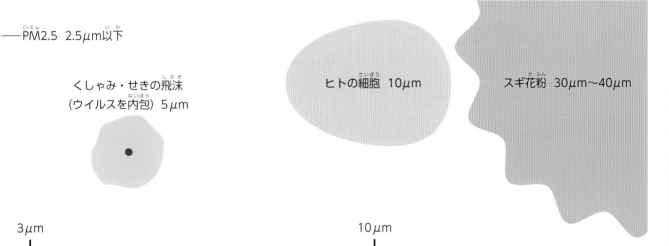

PM2.5　2.5μm以下

くしゃみ・せきの飛沫
（ウイルスを内包）5μm

ヒトの細胞　10μm

スギ花粉　30μm〜40μm

3μm

10μm

# 4 新型インフルエンザとは？

「新型インフルエンザ」は、豚などの動物からヒトへの感染を
くりかえしていくうちに、変異してヒトからヒトへ感染するように
なったインフルエンザのことです。

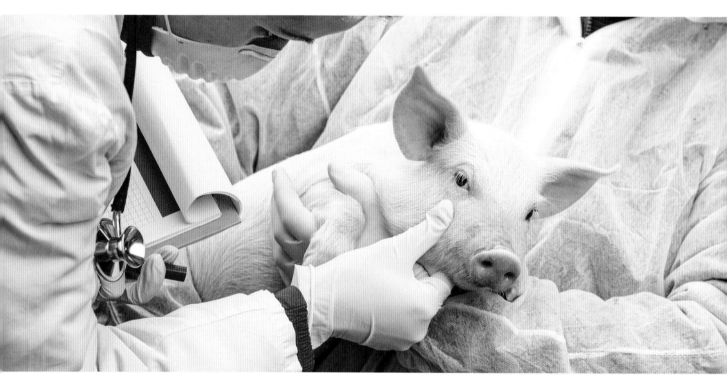

## 動物からヒトへ

　12ページでは、インフルエンザは動物ごとに感染するウイルスの種類が決まっていると記しましたが、動物のインフルエンザウイルスがヒトに感染することもまれにあります。さらに、そのウイルスがやがてヒトからヒトへと感染することもあります。それが、「新型インフルエンザ」です。ヒトは、新型インフルエンザのウイルスに対し免疫がないため、そのウイルスに感染すると重症になる可能性が高いのです。

　このため、感染症法＊では、危険度が高い新型インフルエンザは一般のインフルエンザとは別にあつかわれているのです。

## 新型インフルエンザの発生

　2009年4月9日、WHOが、メキシコとアメリカで豚インフルエンザのヒトからヒトへの感染が相次ぎ、メキシコで死者も出ていると発表しました。WHOは、新型インフルエンザの大流行に気をつけるように世界に警告を発しました。

　その警告を受け、日本でも、メキシコやアメリカから船や飛行機が着くと、乗客を降ろさず、検疫官が機内や船内に入って検査をおこなうなど、警戒を強めました。

　2009年8月23日時点で、世界の感染者は20万人以上。また、この新型インフルエンザのウイルスは、弱毒型のH1N1型だということがわかりました。

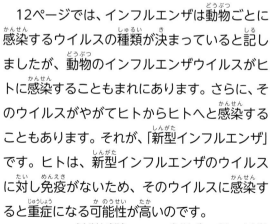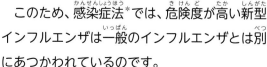

＊1999年4月に、それまでの「伝染病予防法」にかえて施行された法律。正式名は「感染症の予防及び感染症の患者に対する医療に関する法律」。

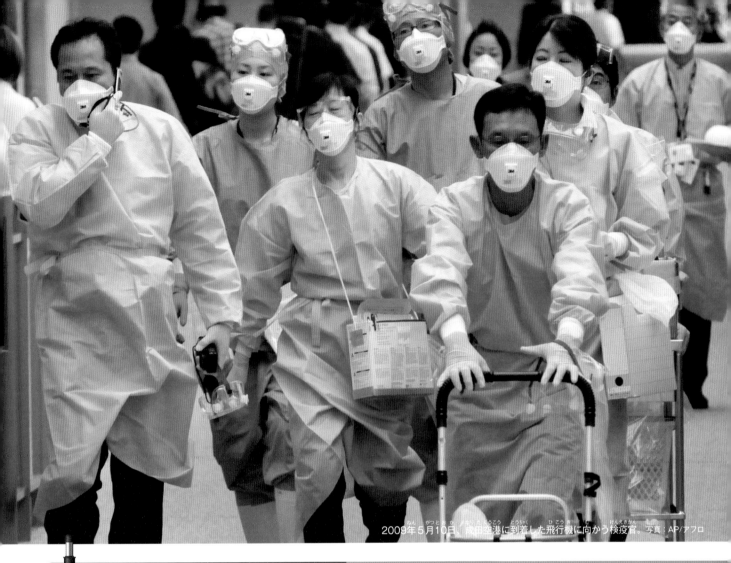

2009年5月10日、成田空港に到着した飛行機に向かう検疫官。写真：AP/アフロ

## もっとくわしく
## 感染症法の対象となる感染症

　2003年に改正された「感染症法」では、危険度の高い順に、一類感染症～五類感染症に分類されています。鳥インフルエンザ（H7N9型）と新型インフルエンザは、別の分類となっています。

| 分類 | 内容 | 感染症名 |
|---|---|---|
| 一類感染症 | 感染力や症状の重さなど総合的に見た危険性が極めて高い感染症 | エボラ出血熱、ペスト、天然痘など |
| 二類感染症 | 総合的に見た危険性が高い感染症 | 結核、鳥インフルエンザ（H5N1型）、ジフテリア、重症急性呼吸器症候群（SARS）など |
| 三類感染症 | 危険性は高くないが、集団感染を起こしうる感染症。 | コレラ、細菌性赤痢、腸チフス、パラチフス、腸管出血性大腸菌感染症（O157）など |
| 四類感染症 | 動物・飲食物を介してヒトに感染し、健康に影響をあたえる感染症 | 狂犬病、マラリア、黄熱、E型肝炎、ウエストナイル熱、デング熱、日本脳炎など |
| 五類感染症 | 国が動向調査をおこない、情報を公開することで、発生・拡大を防ぐべき感染症。 | インフルエンザ、AIDS（後天性免疫不全症候群）、鳥インフルエンザ（H5N1をのぞく）、破傷風、はしか、風疹、水ぼうそう、百日ぜきなど |
| 指定感染症 | 国民の生命・健康に重大な影響をあたえるおそれのある感染症 | 鳥インフルエンザ（H7N9型） |
| 新型インフルエンザ等感染症 | 新たにヒトからヒトに伝染する能力をもつこととなったインフルエンザ。 | 新型インフルエンザ、再興型インフルエンザ |

# 5 空飛ぶウイルスのおそろしさ

鳥インフルエンザのおそろしさは、地球規模で感染が拡大すること。
すなわち、空を飛べるカモなどの渡り鳥が、広い範囲に
ウイルスを運ぶことができるからです。

## カモからニワトリへ

カモなどの渡り鳥はインフルエンザウイルスをもっていても平気。

夏のあいだ北方で卵をうんでひなを育て、秋になると南方に渡って越冬。そこで人間の飼うニワトリにウイルスを感染させることがあるのです。ところが、鳥インフルエンザウイルスのほとんどは弱毒型で、ニワトリはたいてい発症せず、たまに発症しても下痢をしたり、卵をあまりうまなくなったりする程度ですみます。

一方、カモのあいだで感染をくりかえしているうちに、まれにウイルスが変異して、強毒型ウイルスになることがあります（感染したニワトリは死んでしまう）。

「弱毒型」とは、呼吸器と消化器だけに感染する型で、「強毒型」とは、全身に感染する型です。

## もっとくわしく
## 高病原性鳥インフルエンザ

「高病原性鳥インフルエンザ」とは、強毒型の鳥インフルエンザのこと。右の①②のいずれかにあてはまるA型インフルエンザウイルスの感染によりニワトリやアヒルなどの鳥が発症するインフルエンザのこと。

①ニワトリの静脈内に接種すると、そのニワトリが高い確率で死亡するウイルス。

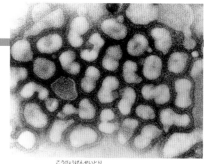

高病原性鳥インフルエンザウイルス

## ニワトリからヒトへ

1997年、香港で発生した高病原性鳥インフルエンザの型は「H5N1型」でした。そして、その強毒型の鳥インフルエンザがヒトに感染し、6人が死亡しました。

このとき、心配されたのは、ヒトからヒトへ感染する新型インフルエンザ(→p18)に変異することでした。

②ウイルスの構造が、強毒型ウイルスの構造に似ている。

日本では2004年、2007年、2010〜2011年、2014年に、高病原性鳥インフルエンザに感染したニワトリが発見された。感染したニワトリは殺処分され、その区域外へのニワトリや卵の移動が禁止された。

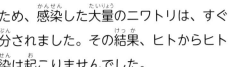

このため、感染した大量のニワトリは、すぐに殺処分されました。その結果、ヒトからヒトへの感染は起こりませんでした。

ところが、2003年ごろから再びH5N1型の鳥インフルエンザウイルスの感染が世界に広がりました。結果、世界中で推定5億羽のニワトリが、死んだり殺処分されたりしました。

感染者は2003年11月以降、16か国で860人となり、そのうち454人の死亡が確認されました（WHOによる2017年9月27日の発表）。

それでも、そのときの鳥インフルエンザは、新型インフルエンザにならないですんだと見られています。

## 新型インフルエンザに変異したら

ヒトが強毒型のH5N1型鳥インフルエンザに感染すると、高熱が出て肺炎などを併発します。致死率（死にいたる確率）は4割以上となるのではないかという研究もあります。

H5N1型鳥インフルエンザが変異して、万が一でもヒトからヒトへ感染する新型インフルエンザが発生したら、たいへんなことになります。現在も、世界中で警戒が強められています。

海外渡航者に鳥インフルエンザへの注意をうながすリーフレット（厚生労働省、2007年4月）。

# 新型インフルエンザの2つのパターン

現在、新型インフルエンザの発生には、2つのパターンがあることがわかっています。その1つがこれまで記してきたウイルスの変異で、もう1つがウイルスの交雑というパターンです。

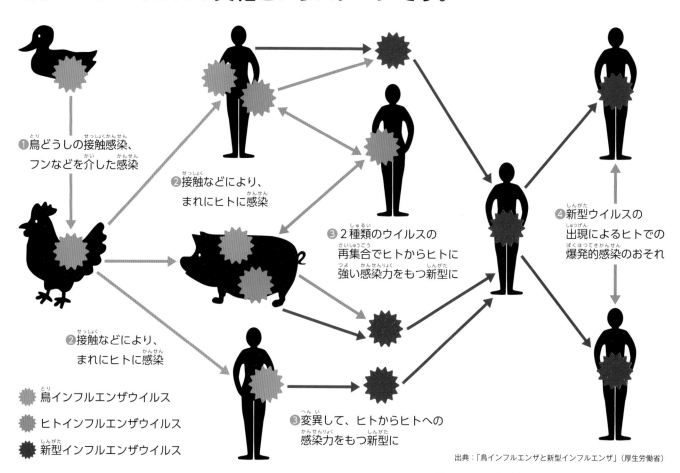

❶鳥どうしの接触感染、フンなどを介した感染

❷接触などにより、まれにヒトに感染

❸2種類のウイルスの再集合でヒトからヒトに強い感染力をもつ新型に

❹新型ウイルスの出現によるヒトでの爆発的感染のおそれ

❷接触などにより、まれにヒトに感染

❸変異して、ヒトからヒトへの感染力をもつ新型に

鳥インフルエンザウイルス

ヒトインフルエンザウイルス

新型インフルエンザウイルス

出典:「鳥インフルエンザと新型インフルエンザ」(厚生労働省)

## ウイルスの交雑とは

「ウイルスの交雑」とは、ちがう種類のウイルスが生物の体のなかでまざりあうことです。

ウイルスの交雑がおこりやすい動物の代表が、豚です。豚は、人間の近くにいる家畜なので、ほかの動物にくらべて、鳥インフルエンザウイルスにもヒトインフルエンザウイルスにも感染しやすく、豚の体内でウイルスの交雑がおこりやすいといわれています。

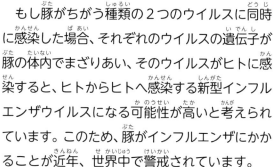

もし豚がちがう種類の2つのウイルスに同時に感染した場合、それぞれのウイルスの遺伝子が豚の体内でまざりあい、そのウイルスがヒトに感染すると、ヒトからヒトへ感染する新型インフルエンザウイルスになる可能性が高いと考えられています。このため、豚がインフルエンザにかかることが近年、世界中で警戒されています。

なお、2009年に流行したH1N1型の新型インフルエンザも、豚が媒介して広がったことがわかっています。

# WHOの警戒水準

WHO（世界保健機関）は2005年5月、鳥インフルエンザが
新型インフルエンザに変異する可能性があるとして、
各国に対策を立てるように勧告しました。

## 6つの警戒水準（フェーズ）

WHOは、感染の深刻さと事前に対策を立てる必要性を世界の国ぐにに知らせる目的で、6つの警戒水準（フェーズ）を示しています。

2005年当時の鳥インフルエンザは、5月に「フェーズ3」とされました。

また、2009年春に豚インフルエンザが新型インフルエンザとなった際には、4月28日に「フェーズ4」を宣言。世界各国に警戒をよびかけました。さらに、そのわずか2日後の30日、「フェーズ5」に警戒レベルを上げ、6月12日には最高の「フェーズ6」に上げ、パンデミック（世界的大流行）を宣言したのです。パンデミックが宣言されると、世界中が大さわぎになりました。日本でも、過剰に警戒するパニック状態となり、WHOの警戒水準決定に批判も出されました。

### ●WHOのフェーズの定義

| フェーズ | 定義 |
|---|---|
| 1 | ヒトに感染する可能性のあるウイルスが動物から検出される。 |
| 2 | ヒトへ感染する危険性の高いウイルスが動物から検出される。 |
| 3 | ヒトへのウイルスの感染が確認されているが、まだ効率的な感染はない。 |
| 4 | 新型インフルエンザのヒトからヒトへの効率的な感染は確認されているが、感染集団は小さい。 |
| 5 | ヒトからヒトへの新型インフルエンザの感染が確認され、大きな集団発生が見られる。パンデミック（世界的大流行）発生の危険性が高まる。 |
| 6 | パンデミックが発生し、世界の一般社会で急速に感染が拡大している。 |

その後、このときに大さわぎになった経験から、WHOは2013年6月、新型インフルエンザにそなえる新たな指針を発表し、警戒フェーズを4段階（下図）としました。これにより、各国は独自にリスクを判断し、対策を立てることになりました。

### ●WHOの新たなパンデミックフェーズ
（2013年6月改定）

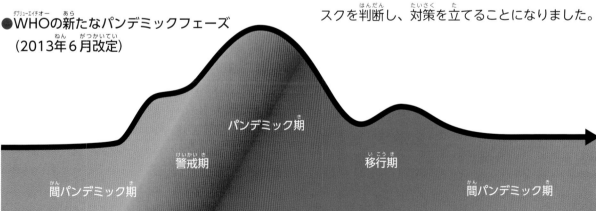

パンデミック期

警戒期

移行期

間パンデミック期

間パンデミック期

- 間パンデミック期：新型インフルエザによるパンデミックとパンデミックとのあいだの段階。
- 警戒期：新しい亜型のインフルエンザのヒトへの感染が確認された段階。
- パンデミック期：新しい亜型のインフルエンザのヒトへの感染が世界的に拡大した段階。
- 移行期：世界的なリスクが下がり、世界的な対応の段階的縮小や国ごとの対策の縮小が起こりうる段階。

# 7 ヒトに感染するコロナウイルス

かぜを引きおこす病原体（→p4）はいろいろなものがありますが、
そのうち4種類がコロナウイルスであることがわかっています。

## かぜのコロナウイルス

　2020年世界中が新型コロナウイルス感染症のパンデミックにおそれおののいていました。そんななか、日本で最大の感染者数となっていた東京で都知事選挙がおこなわれていました。ある候補者が宣伝カーのスピーカーから「コロナウイルスはただのかぜです」と大音量でどなっていました。その根拠となっているのが、「だれもがかかるかぜの病原体として、HCoV-229E、

HCoV-OC43、HCoV-NL63、HCoV-HKU1という4種類のコロナウイルスがあるが（HCoVは、Human Coronavirus のこと）、これまでそれらが原因でかぜの症状が出た場合、ほとんどが重症化することはなかった」ということです。しかも、日本では、ほとんどの子どもは6歳までにこれら4種類のコロナウイルスの感染を経験するといいます。

　しかし、次ページで見るように、2020年の新型コロナウイルスはそうではなかったのです。

## ●野生動物のコロナウイルスがヒトに感染する経路

自然宿主
コウモリ

中間宿主
センザンコウなど

中間宿主
ハクビシンなど

重症急性呼吸器症候群
(SARS)

新型コロナ？

中間宿主
ヒトコブラクダなど

中東呼吸器症候群
(MERS)

ヒト

# 動物コロナウイルス

　コロナウイルスは、ヒトにかぜを引かせるのと同じように、イヌ、ネコ、ウシ、ブタ、ニワトリ、ウマ、ラクダなど家畜に感染して、さまざまな病気を引きおこすことが、これまでの研究でわかっています。また、キリン、シロイルカ、コウモリ、スズメには、それぞれ固有のコロナウイルスがあることもわかっています。

　自然宿主（ウイルスを体内にもつ動物）は、多くは軽症の呼吸器症状や下痢ですみますが、まれに死亡してしまう場合もあります。それでも、動物コロナウイルスは、種のかべをこえてほかの動物に感染することは、ほとんどないと考えられてきました。

# おそろしいコロナウイルス

　ところが、2002年に世界を恐怖におとしこんだ「重症急性呼吸器症候群コロナウイルス（SARS-CoV)」は、コウモリのコロナウイルスがヒトに感染して重症肺炎を引きおこすようになったといわれています。このコロナウイルスは当初、感染源としてハクビシンが疑われていましたが、のちにハクビシンは中間宿主だと考えられるようになりました。

　また、2012年にサウジアラビアで発見された「中東呼吸器症候群コロナウイルス（MERS-CoV)」も、宿主はコウモリだと考えられています。それが、中間宿主のヒトコブラクダなどから種のかべをこえてヒトに感染し、重症肺炎を引きおこすものとなりました。

# 新型コロナウイルスパンデミック

2020年3月12日、新型コロナウイルス感染症が、ついにパンデミックになりました。前年12月に最初に発見されてから一気に世界中に拡大しました。

## コウモリからヒトへ

2020年の新型コロナウイルスも、コウモリがヒトに感染させたものだといわれています。最初に感染が拡大したのは、中国の大都市武漢（ウーハン）でした。

この新型コロナウイルスは、直径約100nm（→p16）の球形で、表面には突起が見られます。

なお、「コロナ」という名前は、形が王冠に似ていることから、ラテン語で王冠を意味する corona という名前がつけられたのです。

2020年5月、新型コロナウイルス感染症の感染拡大で、マスク姿の人でうまる東京の繁華街（竹下通り）。

## もっとくわしく

### COVID-19

WHOは2月11日、新型コロナウイルス感染症の正式名称を「COVID-19」に決定したと発表した。それまでの「コロナウイルス」という単語は、この病気の原因となるウイルスの名前で、病気そのものをさしてはいなかった。今回のコロナウイルス感染症は、中国で発生したといわれているが、中国に汚名を着せることをさけるため、正式名称には中国の地名をつけることをやめたという。この新型ウイルス自体の名前は、国際ウイルス分類委員会（ICTV）で、「SARS-CoV-2」と名づけられている。

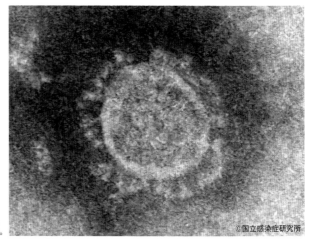

新型コロナウイルスの顕微鏡画像。

©国立感染症研究所

## SARS（サーズ）

SARSは、正式には「重症急性呼吸器症候群」のこと。2002年に中国広東省で発生し、2002年11月から2003年7月のあいだに30をこえる国や地域に拡大。2003年12月時点のWHOの報告によると、疑い例をふくむSARS患者は8069人、うち775人が重症の肺炎で死亡した（致死率9.6％）。医療従事者への感染もひんぱんに見られた。死亡した人の多くは高齢者や、心臓病、糖尿病などの基礎疾患をもっていた人だった。子どもにはほとんどど感染せず、感染したとしても軽症の呼吸器症状を示すのみだった。

感染源とされるコウモリ。

## MERS（マーズ）

2012年にサウジアラビアで発見された「中東呼吸器症候群」は、一般的にMERSとよばれている。もともとはヒトコブラクダにかぜ症状を引きおこすコロナウイルスだったが、種のかべをこえてヒトに感染。重症肺炎を引きおこすものとなり、27か国で2494人の感染者がWHOに報告された（2019年11月30日時点）。そのうち858人が死亡した（致死率34.4％）。重症化した症例の多くが基礎疾患（糖尿病、慢性の心・肺・腎疾患など）をもっていたことがわかっている。15歳以下の感染者は全体の2％程度だが、その多くは感染していても症状がでなかったり、軽症だったりした。ヒトからヒトへの感染も、限定的だが、病院内や家庭内で起こった。

ヒトへの感染源になったとされるヒトコブラクダ。

# 9 「2020年〜2021年に 何がおこるか?」という論文

新型コロナウイルス感染症（COVID-19、以下「新型コロナ」と記す）のパンデミックの真っ只中の2020年の後半、豚インフルエンザが、まもなくパンデミックを引きおこすのではないかと心配されました。

## 2009年の再来か?

2020年6月29日、新型の豚インフルエンザが中国で確認され、上記見出しの論文がアメリカの専門誌に発表されました。これは、「G4」と名づけられた豚インフルエンザで、2009年に流行したH1N1型（→p18）に由来するものだと考えられています。感染力が強くヒトに感染する可能性が高いともいわれました。その時点では、ヒトからヒトへの感染の証拠は見つかりませんでしたが、新型インフルエンザになる可能性がじゅうぶんにあると指摘されました。

## パニックにならないために

万一2020年に新型インフルエンザのパンデミックが起きれば、世界中で新型コロナが拡大している最中のことになり、世界中でパニックが起こることが予想されています。

さらに、秋以降は季節性インフルエンザの流行期と重なります。

そんななかで、すべての人が、大人も子どもも、あわてず冷静に対応しなければなりません。そのためには、まずは、次のような基本的な知識をもつことが重要です。

### ・感染のしくみ

新型コロナやインフルエンザにかかっている人がせきやくしゃみをすると、ウイルスをふくんだ飛沫（しぶき）がまわりに飛びちり、ほかの人が吸いこむことで感染が起こる。これが「飛沫感染」。せきやくしゃみによる飛沫は、たいてい2mくらいで落下するため、それ以上はなれていれば、危険性が低くなる。

飛沫感染を防ぐには、マスクをつける・人混みにいくのをさける・人との距離をあけるなどを習慣づける。

一方、ウイルスがついた手で目や口をこすったり鼻をいじったりすると、目・口・鼻の粘膜からウイルスが体内に入り、飛沫感染と同じようにウイルスに感染する。これが「接触感染」。それをさけるためには、石けんでこまめに手を洗い、アルコール消毒をおこなう。

## ・マスクの有効性

　マスクをつければ一定の予防効果はあるが、インフルエンザウイルスを吸いこむことを完全に防げるわけではない。なぜなら、ウイルスの大きさは100nm（→p16）ほどと、とても小さいため、マスクのすきまを通りぬけてしまうからだ。

　それでも、一定の効果はあるので、人混みや電車・バスの中など、ほかの人との距離が近いところでは、マスクをすることがすべての人に求められている。

## ・うがいの効用

　昔から日本では「うがいと手洗い」が、かぜの予防の基本とされてきた。この2つをしっかりしている人は、かぜを引きにくいといわれている。

　ところが、2009年に新型インフルエンザが流行しはじめたとき、政府が出した予防策では、うがいは重視されなかった。さらに2020年の新型コロナのパンデミックでは、うがいについてはほとんどいわれていない。その理由は、専門家から、うがいがインフルエンザ予防に有効だという証拠はないという意見が出されたからだ。

　それでも、うがいは、かぜやインフルエンザの予防にとても重要だ。なぜなら、うがいをすることは、その人が健康を保っていこうという気持ちのあらわれだからだ。

日本人が昔からつちかってきたとてもよい習慣をやめてしまう必要はまったくないのだ。うがいと手洗いをセットでおこなう習慣は続けていきたいものだ。

# もっとくわしく
# 新型コロナかなと思ったら？

新型コロナウイルスのイメージ写真。2020年の春以降インターネットなどでよく見かけるようになった。

　新型コロナの初期症状は、発熱、呼吸器症状（鼻づまり、鼻水、のどの痛み、せきなど）、頭痛、体のだるさなどで、はいたり下痢をしたりという消化器症状は比較的少ないという報告がある。しかし、初期症状はインフルエンザやふつうのかぜと似ていて、新型コロナを区別するのはむずかしい。かぜかなと思っていきなり医療機関を受診すると、結果的にウイルスをまき散らすことになりかねない。まずは、コールセンターなどに電話で相談するなどして、新型コ

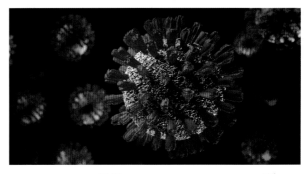

ロナウイルスに感染しているかもしれないと考えて行動する。

# 家族みんなでやるべきこと

かぜや季節性インフルエンザの予防には、
ふだんの生活を健康的にするというのが基本です。
それは、新型インフルエンザや新型コロナでも同じこと!

## 家族の健康的な生活

栄養バランスのよい食事を規則正しくとり、適度な運動をして体力をつけることが健康を保つ基本です。また、十分な睡眠をとることが重要です。

家族が健康的な生活を送ることは、病気の予防に役立つだけでなく、病気にかかってしまった場合の症状の出方や回復力にも、よい影響をもたらします。

こうした当たり前に思える注意事項でも、軽視してはいけません。家族みんなでしっかり守っていくように心がけることがとても重要なのです。

## 家族全員で対策を

感染力の強い新型インフルエンザや新型コロナの場合、家族のだれかが感染すると、全員にうつる可能性が高くなります。新型コロナが流行しているなかでは、家族内での「濃厚接触」が感染を拡大しています。

家族にひとりでも感染の疑いがある人が出たときは、全員が感染したものと考えて行動しなければなりません。

家族のなかで、人の多い場所にいく可能性がいちばん高い人はだれでしょうか? 電車で通勤・通学している人は? 商店などを経営している家庭では、多くの人と接触しています。もちろん子どもたちは、学校で多くの友だちとふれあっています。感染症対策は、家族全員で取りくまなければなりません。

家族全員で、健康チェックをすることがとても重要です。家族全員が体温をはかり、せきやだるさがないかなど、おたがいの体調を知る必要があります。

おたがいに健康を気づかって、熱があるような人がいれば、家族みんなで、その人が外出しないようにしなければなりません。

ここまで読んでくれたみなさんには、このことをぜひ実行してほしいと願ってやみません。

稲葉茂勝

# さくいん

**あ** イナビル ……………………………… 9
インフルエンザ …… 4、6〜15、17、18、19
　　　　　　　　　22、23、28、29
インフルエンザウイルス ……7、8、10、11、
　　　　　　　12、14、16、17、18、20、29
ウイルス……5、8、12、14、16、17、18、
　　　　　　　20、22、25、26、28
馬インフルエンザ ………………… 14、15
A型 ………………………… 11、12、17
Aソ連型 …………………………… 12、17
A香港型 …………………………… 12、17

**か** かぜ …… 4、5、6、8、13、24、25、29、30
型 …………………………… 8、10、12、21
学校感染症 …………………………… 10
感染症法 ……………………… 8、18、19
季節性インフルエンザ …… 6、7、11、28、30
強毒型 …………………………… 20、21
警戒水準（フェーズ） ………………… 23
検疫官 ……………………………… 18、19
COVID-19 ……………… 11、26、28
抗原 …………………………………… 8
抗原検査 ……………………………… 9
交雑 ………………………………… 22
抗生物質 ……………………………… 5、17
抗体 …………………………………… 8
抗インフルエンザウイルス薬 ………… 9、17
高病原性鳥インフルエンザ ………… 20、21
コウモリ ………………………… 25、26、27
コロナウイルス …… 5、24、25、26、27

**さ** SARS ………………………… 19、25、27
サーベイランス ……………………… 8
細菌 ……………… 5、6、8、16、17
細胞 ……………………… 5、16、17
C型 ………………………………… 12
自然宿主 ……………………………… 25

弱毒型 …………………………… 18、20
新型インフルエンザ ………… 7、10、12、13、
　　　　18、19、21、22、23、28、29、30
新型コロナ …………………… 28、29、30
新型コロナウイルス感染症… 11、24、26、28
スペインかぜ ……………………… 7、13
接触感染 …………………… 15、22、28
潜伏期間 …………………………… 7
ソ連かぜ ………………………… 12、13

**た** 対症療法 …………………………… 6
WHO（世界保健機関）……12、13、18、21、
　　　　　　　　　　23、26、27
タミフル ……………………………… 9
致死率 …………………………… 21、27
中間宿主 …………………………… 25
鳥インフルエンザ …… 14、19、20、21、23

**な** ノイラミニダーゼ ………………… 17
濃厚接触 …………………………… 30

**は** 肺炎 ………………………… 5、7、27
ハクビシン ………………………… 25
パンデミック ……… 23、24、26、28、29
B型 …………………………… 12、17
ヒトコブラクダ ………………… 25、27
飛沫感染 ………………………… 15、28
病原体 ……… 5、6、11、16、24
豚インフルエンザ …… 14、15、18、23、28
ペニシリン ……………………………… 5
ヘマグルチニン …………………… 12、17
変異 …… 11、12、18、20、21、22、23
香港かぜ ……………………… 7、12、13

**ま** MERS ………………………… 25、27
マイコプラズマ ……………………… 5、6
マスク …………………… 6、28、29
免疫 …………………………… 11、18

**わ** ワクチン ……………… 10、11、12

■監修

山本 太郎（やまもと たろう）

1964年生まれ。長崎大学熱帯医学研究所・
国際保健学分野 教授。
著書：『感染症と文明ー共生への道』（岩波新書）など多数。

■著者

稲葉 茂勝（いなば しげかつ）

1953年生まれ。子どもジャーナリスト
（Journalist for Children）。
著書：『SDGsのきほん　未来のための17の目標』全18巻
（ポプラ社）など多数。

■編集

こどもくらぶ（石原尚子、根本知世）
あそび・教育・福祉・国際理解の分野で、子どもに関する書籍を企画・編
集している。

この本の情報は、特に明記されているもの以外は、
2020年9月現在のものです。

■デザイン

こどもくらぶ
佐藤道弘

■企画制作

（株）今人舎

■写真協力

国立感染症研究所
第一三共株式会社
東京競馬どっとこむ
©Real Estate Japan
©Kahunapule Michael Johnson
©HISHAM BINSUWAIF
©のんのん
©プラナ / pixta
©Jakub Rupa
©dusanpetkovic
©sharply_done
©haru_natsu_kobo
©habun / iStock
©Tinnakorn Srivichai
©Chayakorn Lotongkum
©Artinun Prekmoung
©Charoenchai Tothaisong
©Stanislav Nakládal ¦
　Dreamstime.com
©Ivan Pavlov
©nami66-Stock.adobe.com

ウイルス・感染症と「新型コロナ」後のわたしたちの生活 ❸この症状は新型コロナ？

2020年11月30日　初 版

NDC493　32P　28×21cm

監　修　山本 太郎
著　者　稲葉 茂勝
編　集　こどもくらぶ
発 行 者　田所 稔
発 行 所　株式会社 新日本出版社
　　　　　〒151-0051　東京都渋谷区千駄ヶ谷4-25-6
　　　　　電話　営業03-3423-8402　編集03-3423-9323
　　　　　メール　info@shinnihon-net.co.jp
　　　　　ホームページ　www.shinnihon-net.co.jp
振　替　00130-0-13681
印　刷　亨有堂印刷所　製本　東京美術紙工

落丁・乱丁がありましたらおとりかえいたします。
©稲葉茂勝 2020
ISBN 978-4-406-06497-2　C8345
Printed in Japan

# ウイルス・感染症と「新型コロナ」後のわたしたちの生活

全6巻

監修／山本太郎 長崎大学熱帯医学研究所国際保健学分野教授

著／稲葉茂勝 子どもジャーナリスト Journalist for Children

NDC493　各32ページ

『ウイルス・感染症と「新型コロナ」後のわたしたちの生活』

第1期　①人類の歴史から考える！

②人類の知恵と勇気を見よう！

③この症状は新型コロナ？

第2期　④「疫病」と日本人

⑤感染症に国境なし

⑥感染症との共存とは？